BEI GRIN MACHT SICH IHR WISSEN BEZAHLT

Jutta Otterbein

Mathematische Kompetenzen von Lernenden in der Berufsschule

GRIN Verlag

Bibliografische Information der Deutschen Nationalbibliothek:

Die Deutsche Bibliothek verzeichnet diese Publikation in der Deutschen National-
bibliografie; detaillierte bibliografische Daten sind im Internet über http://dnb.d-
nb.de/ abrufbar.

Impressum:

Copyright © 2012 GRIN Verlag GmbH
Druck und Bindung: Books on Demand GmbH, Norderstedt Germany
ISBN: 978-3-656-25895-7

Fachbereich 10
Mathematik und Naturwissenschaften
Institut für Mathematik

U N I K A S S E L
V E R S I T Ä T

Einführung in die Mathematikdidaktik

Mathematische Kompetenzen von Lernenden in der Berufsschule

Im WS 2011/2012

vorgelegt von: Jutta Otterbein

Studiengang: Wirtschaftspädagogik
Fachsemester: 7

31.03.2012

Inhaltsverzeichnis

Literaturverzeichnis

1 Einleitung

Gegenstand dieser Ausarbeitung sind die mathematischen Kompetenzen von Lernenden in der Berufsschule. Dazu wird vorab in Abschnitt 2 die Berufsschule definiert sowie das Wesen der Berufsschule erläutert.

Um die Begrifflichkeiten zu komplettieren und zur Verdeutlichung des mathematischen Kompetenzbegriffs, werden ferner in Abschnitt 3 auf die unterschiedlichen mathematischen Kompetenzen, die das Grundgerüst der mathematischen Bildungsstandards und den Schwerpunkt dieser Arbeit bilden, eingegangen.

Der darauffolgende Abschnitt 4 beschäftigt sich mit mathematischen Kompetenzen, die seitens der Betriebe sowie der beruflichen Ausbildung per se vorausgesetzt werden, um diese erfolgreich zu absolvieren und auf dem Arbeitsmarkt Bestand zu haben. Dabei wird zwischen den allgemein, den in den gewerblich-technischen sowie in den kaufmännischen Berufen geforderten mathematischen Kompetenzen differenziert.

Darauf aufbauend wird in Abschnitt 5 der Übergang von der Sekundarstufe in eine berufliche Ausbildung thematisiert. Hierbei werden die Komplexität von Übergangsmaßnahmen und deren negative Auswirkungen geschildert.

In Abschnitt 6 die Förderung mathematischer Kompetenzen in der Berufsschule ihre Zuwendung. Im Mittelpunkt stehen dabei der kompetenzorientierte Berufsschul- und Mathematikunterricht mit Untermauerung von Beispielen sowie die Verknüpfung beider Unterrichte.

Abschließend bildet Abschnitt 7 den Kern dieser Arbeit. Hier wird anhand von exemplarischen kaufmännischen Aufgabenstellungen analysiert, welche mathematischen Kompetenzen damit vermittelt und gefördert werden.

2 Zum Begriff der Berufsschule

Um sich mit der Thematik der vorliegenden Arbeit auseinandersetzen zu können, ist es wichtig, den Begriff der Berufsschule zu definieren.

„Berufsschulen [sind] berufliche Teilzeitschulen, in denen Jugendliche nach Erfüllung der (allgemeinen) Vollzeitschulpflicht als Auszubildende, ungelernt Beschäftigte oder Arbeitslose ihre Berufsschulpflicht erfüllen. [...] Die Berufsschulen sind Teil des sogenannten „dualen Systems", womit in der Bundesrepublik Deutschland das

Zusammenwirken von (in der Regel) privaten Betrieben und den (in der Regel) öf-
fentlichen Berufsschulen bei der beruflichen Erstausbildung bezeichnet wird."[1]

Demzufolge findet die berufliche Ausbildung an unterschiedlichen Lernorten statt, nämlich in den Ausbildungsbetrieben und in den dazugehörigen Berufsschulen[2]. Darüber
hinaus erfolgt die Ausbildung oftmals ergänzend in überbetrieblichen Berufsbildungsstätten[3] erfolgen. Die Auszubildenden besuchen demzufolge ein bis zwei Tage pro
Woche die Berufsschule und verbringen die restlichen Tage pro Woche in ihren Ausbildungsbetrieben.

Um die Berufsschule jedoch besuchen zu können, bedarf es einiger Voraussetzungen
wie beispielsweise einen Ausbildungsbetrieb und –vertrag. Zudem ist die in der nach-
stehenden Grafik vereinfacht dargestellte schulische Vorbildung von Bedeutung.

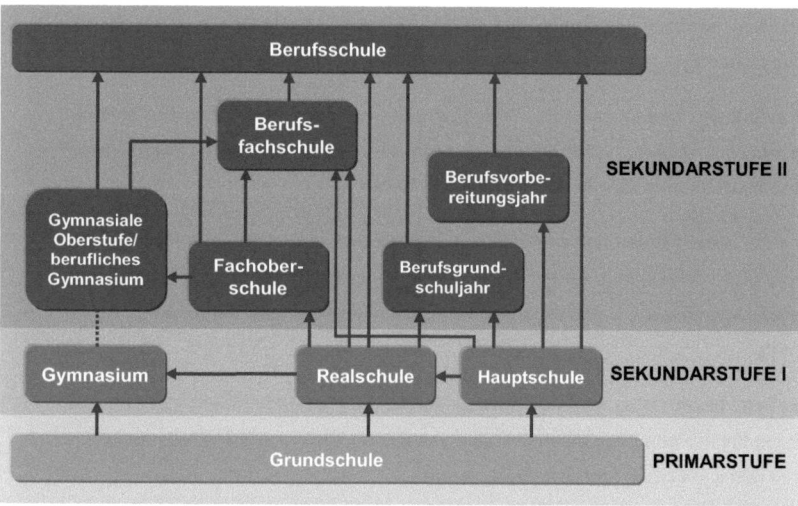

Vorausgesetzte Bildungswege, eigene Bearbeitung nach BUNDESAGENTUR FÜR ARBEIT. (2011)

Die Abbildung lässt erkennen, dass keine bestimmten Schulabschlüsse für eine duale
Berufsausbildung vorgeschrieben werden. Dennoch belegen Studien, dass auf dem
Arbeits- und Ausbildungsmarkt höhere Bildungsabschlüsse verlangt werden. Unter-
nehmen achten vermehrt bei der Bewerberauswahl auf die erzielten Schulabschlüsse

---

[1] BARDY, P. (1985), S. 21.
[2] Der Begriff „Berufsschule" ist nicht gleichgestellt mit dem Begriff „Berufliche Schule". Dieser Begriff bildet
den Oberbegriff für die Schulformen „Berufliches Gymnasium", „Fachoberschule", „Höhere Berufsfachschule", „Berufsfachschule", „Fachschule" sowie „Berufsschule".
[3] „Überbetriebliche Ausbildung ergänzt Lernen am Arbeitsplatz durch systematische Werkstattunterwei-
sung für fast ale anerkannten gewerblich-technischen Ausbildungsberufe in von Organisationen der
Wirtschaft (z.B. Kammern) betriebenen überbetrieblichen Berufsbildungsstätten (ÜBS)." (KATH, F. (2006),
S. 466).

und die Noten. Besondere Beachtung gilt dabei dem Fach Mathematik. Die Berufsschule hat somit an mathematische Kompetenzen, die in der Sekundarstufe I und II
vermittelt wurden, anzuknüpfen.

3 Zum Begriff der mathematischen Kompetenzen

Bevor mathematische Kompetenzen definiert werden können, muss zunächst der
Kompetenzbegriff allgemein definiert werden.

> *„Kompetenzen sind die bei Individuen verfügbaren oder von ihnen erlernbaren Fä-*
> *higkeiten und Fertigkeiten, bestimmte Probleme zu lösen, sowie die damit verbun-*
> *denen*
>
> - *motivationalen (=antriebsorientierten),*
> - *volitionalen (= durch Willen beeinflussbaren) und*
> - *sozialen (= kommunikationsorientierten)*
>
> *Bereitschaften und Fähigkeiten, die Problemlösungen in variablen Situationen nut-*
> *zen zu können."*[4]

Wie in Abschnitt 2 (Zum Begriff der Berufsschule) ist auch hier der Begriff der mathematischen Kompetenzen zu klären. Dabei wird im Folgenden verkürzt auf die in den
Bildungsstandards verankerten Kompetenzen[5]

- K1 Mathematisch argumentieren,
- K2 Probleme mathematisch lösen,
- K3 Mathematisch modellieren,
- K4 Mathematische Darstellungen verwenden,
- K5 Mit Mathematik symbolisch, formal und technisch umgehen und
- K6 Mathematisch kommunizieren

eingegangen.[6]

3.1 K1 Mathematisch argumentieren

> *„Mathematisches Argumentieren bedeutet, Situationen zu erkunden, für die Ma-*
> *thematik charakteristische Vermutungen und Fragen zu formulieren, Lösungswege*

---

[4] WEINERT, F. E. (2001), S. 27.
[5] In den Bildungsstandards wird zudem zwischen den Anforderungsbereichen I, II und III unterschieden.
   Diese werden aufgrund der Begrenztheit dieser Arbeit allerdings außer Acht gelassen. Anzumerken ist
   jedoch, dass diese dafür zuständig sind, die Kompetenzen unterschiedlich stark zu fördern.
[6] Die Untermauerung von geeigneten Beispielen fällt an dieser Stelle weg. Sie findet stattdessen in Abschnitt 7 (Ausgewählte Beispiele im kaufmännischen Berufsschulbereich mit Analyse der mathematischen Kompetenzen) ihre Anwendung.

*zu beschreiben und Zusammenhänge zu begründen. Dabei gibt es verschiedene
Stufen, die von der intuitiven, anschaulichen Begründung bis zum Beweis reichen.
Durch adäquate Argumentationsformen wird eine Kultur des Begründens und Ar-
gumentierens bei den Lernenden gefördert.*[7]

Es geht also primär um die Prüfung und den Nachvollzug von (anderen) Argumentatio-
nen. Gefördert wird diese Kompetenz durch Aufgaben, bei denen man Fragen stellen
kann, die für die Mathematik charakteristisch sind (z.B. „Ist das immer so?", „Gibt
es...?", „Wie verändert sich...?"). Dabei eignen sich besonders Aufgaben, deren Lösungswege beschrieben und begründet werden müssen.[8]

3.2 K2 Probleme mathematisch lösen

*„Mathematisches Problemlösen im Sinne der KMK-Bildungsstandards findet statt,
sobald in einer Situation nicht unmittelbar ein Lösungsverfahren angewendet werden kann, sondern ein Lösungsweg entwickelt oder ausgewählt werden muss. Dafür verwenden die Lernenden heuristische Hilfsmittel und Strategien wie das systematische Probieren, das Einzeichnen von Hilfslinien, das Auswählen von Hilfs-
größen, das Vorwärts- und Rückwärtsarbeiten sowie Hilfsmittel und Darstellungsformen. Ein wesentlicher Bestandteil des Problemlösens ist die Reflexion von Lö-
sungswegen und von verwendeten Strategien.*[9]

Zusammengefasst lässt sich sagen, dass dieser Bereich durch das Anwenden geeigneter Lösungsstrategien auf gewisse Problemstellungen gekennzeichnet ist. Dabei
sollen die Lernenden heuristische Hilfsmittel bzw. Prinzipien verwenden, wie z.B.:

- Analogieprinzip (Wurden ähnliche Probleme behandelt?)
- Rückwärtsarbeiten (Was wird für das Gesuchte gebraucht?)
- Systematisches Probieren
- Veranschaulichung durch eine mathematische Figur, Tabelle, Skizze
- Vorwärtsarbeiten (Was folgt aus den gegebenen Daten?)
- Zerlegungsprinzip (Welche Teilprobleme gibt es?)

Bei dieser Kompetenz geht es aber auch darum, das Ergebnis plausibel zu überprüfen
und die Lösungswege zu reflektieren.[10]

---

[7] HESSISCHES KULTUSMINISTERIUM (2011), S. 13.
[8] Weitere Ausführungen dazu können nachgelesen werden in LEIß, D., BLUM, W. (2006), S. 36 ff.
[9] HESSISCHES KULTUSMINISTERIUM (2011), S. 13.
[10] Weitere Ausführungen dazu können nachgelesen werden in LEIß, D., BLUM, W. (2006), S. 39 f.

3.3 K3 Mathematisch modellieren

*„Eine reale Situation wird durch die Lernenden analysiert, vereinfacht und struktu-
riert, um sie in ein mathematisches Modell zu übersetzen. Die Lernenden arbeiten
innerhalb des gewählten mathematischen Modells und interpretieren und überprüfen anschließend das Ergebnis im realen Kontext. Nach erfolgter Validierung wird
dieser Modellierungskreislauf bei Bedarf erneut durchlaufen."*[11]

Dieser Kompetenzbereich zeichnet sich also durch die Übertragung realer Probleme in
den mathematischen Modellierungskreislauf[12] aus. Hierbei wird das zu modellierende
Problem in mathematische Begriffe, Strukturen und Relationen mithilfe von mathematischen Modellen als Schlüsselrolle übersetzt. Dieser Übersetzungsprozess bildet in
diesem Kontext die Kernkompetenz zwischen inner- und außermathematischen Inhalten. Auch bei der Kompetenz K3 werden die Ergebnisse des zu modellierenden Prob-
lems entsprechend interpretiert und geprüft.[13]

3.4 K4 Mathematische Darstellungen verwenden

*„Die Mathematik bietet verschiedene, sich gegenseitig ergänzende Darstellungs-
formen, wie Symbol, Tabelle, Graph und Wort, um Objekte und Situationen zu beschreiben. Die Lernenden unterscheiden und interpretieren Darstellungen, wählen
Darstellungsformen aus und wenden sie an. Sie erkennen Beziehungen zwischen
Darstellungsformen und wechseln bei Bedarf zwischen ihnen."*[14]

Im vorliegenden Kompetenzbereich werden somit verschiedene Darstellungsformen
von den Lernenden verstanden, verwendet und interpretiert. Wichtig ist hierbei, dass
die Lernenden die Beziehungen zwischen den unterschiedlichen Formen der Darstellung erkennen und je nach Problemstellung auswählen sowie zwischen ihnen wechseln können. Das bloße Vorhandensein einer mathematischen Darstellung reicht folg-
lich nicht für den Erwerb dieser Kompetenz aus.[15]

---

[11] HESSISCHES KULTUSMINISTERIUM (2011), S. 13.
[12] Der Modellierungskreislauf (nach BLUM/LEIß) umfasst die Phasen Konstruieren/Verstehen (Phase 1),
Vereinfachen/Strukturieren (Phase 2), Mathematisieren (Phase 3), Mathematisch arbeiten (Phase 4),
Interpretieren (Phase 5), Validieren (Phase 6) und Darlegen (Phase 7). Weitere Ausführungen dazu
können nachgelesen werden in BORROMEO FERRI, R. (2011), S. 20 ff.
[13] Weitere Ausführungen dazu können nachgelesen werden in LEIß, D., BLUM, W. (2006), S. 40 ff.
[14] HESSISCHES KULTUSMINISTERIUM (2011), S. 12.
[15] Weitere Ausführungen dazu können nachgelesen werden in LEIß, D., BLUM, W. (2006), S. 43 ff.

3.5 K5 Mit Mathematik symbolisch, formal und technisch umgehen

„Mathematische Symbole, Verfahren und Werkzeuge dienen dazu, Zusammen-
hänge strukturiert darzustellen. Die Lernenden übersetzen die symbolische und
formale Sprache in Umgangssprache und umgekehrt. Sie führen Lösungs- und
Kontrollverfahren durch und nutzen dazu Variable, Terme, Gleichungen, Funktio-
nen, Diagramme und Tabellen. Sie setzen Werkzeuge wie Messgeräte, Taschen-
rechner, Formelsammlung und Software sinnvoll ein."[16]

In erster Linie geht es hier nicht nur um das Kennen, sondern vielmehr um das Anwenden von z.B. mathematischen Definitionen oder Formeln. Auch das Arbeiten mit Vari-
ablen, Termen, Gleichungen und Funktionen mit dem Einsatz von Hilfsmitteln, um Lö-
sungs- und Kontrollverfahren sinnvoll durchführen zu können, wird mit der Kompetenz
K5 sichergestellt. Diese stellt ein Werkzeug für die Kompetenz K3 (Mathematisch modellieren) dar, denn durch routinierte Anwendungsaufgaben können die Lernenden
Zusammenhänge besser erkennen und den Übersetzungsprozess zwischen inner- und
außermathematischen Inhalten herstellen erfolgreich zu Ende führen.[17]

3.6 K6 Mathematisch kommunizieren

„Die Lernenden nutzen Fachbegriffe, Umgangssprache und geeignete Medien, um
ihre Überlegungen und Lösungswege darzustellen, zu dokumentieren und zu prä-
sentieren. Zur Kommunikation über mathematische Zusammenhänge gehört es
auch, Äußerungen und Texte zu mathematischen Inhalten zu verstehen und zu
überprüfen."[18]

Dieser Kompetenzbereich zeichnet sich dadurch aus, dass mathematische Texte und
Äußerungen verstanden sowie Überlegungen, Lösungswege bzw. Ergebnisse doku-
mentiert, mathematisch dargestellt und präsentiert werden. Dabei gilt es, die Fach-
sprache adressatengerecht unter Nutzung geeigneter Medien zu verwenden. Zudem
sollen die Lernenden Äußerungen von anderen und Texte zu mathematischen Inhalten
verstehen und überprüfen. Es gibt jedoch Schwierigkeiten bei der Differenzierung von
Kommunizieren und Argumentieren – vor allem, wenn es um die Erläuterung von Lö-
sungswegen geht. Wesentlich ist beim Kommunizieren daher die Sprache.[19]

---

[16] HESSISCHES KULTUSMINISTERIUM (2011), S. 13.
[17] Weitere Ausführungen dazu können nachgelesen werden in LEIß, D., BLUM, W. (2006), S. 46 ff.
[18] HESSISCHES KULTUSMINISTERIUM (2011), S. 12.
[19] Weitere Ausführungen dazu können nachgelesen werden in LEIß, D., BLUM, W. (2006), S. 48 ff.

4 Vorausgesetzte Kompetenzen

Dieser Abschnitt beschäftigt sich mit der Frage, welche mathematischen Vorkenntnisse Berufsschüler zu Beginn ihrer Ausbildung mitbringen sollten. Dabei wird auf das betriebliche Bewerbungsverfahren eingegangen und zwischen den mathematischen Anforderungen seitens gewerblich-technischer sowie den mathematischen Anforderungen kaufmännischer Berufe unterschieden.

4.1 Betriebliche Bewerbungsverfahren

Um geeignete Auszubildende zu finden, führen immer mehr Betriebe Eignungstests durch.[20] Diese sollen eine vorzeitige Selektion der Bewerber und Bewerberinnen sicherstellen. Doch die mathematischen Anforderungen dieser Tests entsprechen meist nicht den mathematischen Kompetenzen, die in der Ausbildung oder im späteren Beruf gefordert werden.[21] LÖRCHER beschreibt 1985 präzise die unzureichende Bedeutung der Mathematik in betrieblichen Eignungstests:

„So sind in den Tests in der Regel weder Taschenrechner noch Formelsammlung zugelassen, obwohl es sowohl in der beruflichen Ausbildung als auch in der späteren beruflichen Tätigkeit wesentlich darauf ankommt, mit diesen Hilfsmitteln erfolgreich arbeiten zu können [K5 Mit Mathematik symbolisch, formal und technisch umgehen]. Inhaltlich stehen schriftliche Rechenverfahren [...] und Bruchrechnung [...] im Vordergrund [...], obwohl die Bedeutung dieser jetzt schon überschätzten Fertigkeiten wie Kopfrechnen, Runden, Überschlags-rechnen, Schätzen sowie Messen in den Tests überhaupt nicht angesprochen, und auch geometrische Anforderungen spielen in gewerblichen Eignungstests im Gegensatz zur späteren Berufspraxis eine nur untergeordnete Rolle."[22]

4.2 Mathematische Kompetenzen im Überblick

Basierend auf empirischer Grundlage stellt die folgende Abbildung die allgemein geforderten sowie die für die gewerblich-technischen und die kaufmännischen Berufe geforderten mathematischen Kompetenzen dar.[23]

---

[20] vgl. LÖRCHER, G. A. (1985), S. 26.
[21] vgl. ebd, S. 26-27.
[22] ebd., S. 27.
[23] Weitere nach Berufsfeldern spezifische Unterscheidungen können nachgelesen werden in BARDY, P. (1985), S.39 f.

Allgemeine mathematische Kompetenzen	
▪ vier Grundrechenarten mit ganzen Zahlen ▪ Maßumwandlungen ▪ Benutzung von Tabellen ▪ Flächenberechnung	▪ Kopfrechnen ▪ Längen ▪ Dezimalzahlen ▪ Gewichte
Mathematische Kompetenzen gewerblich-technischer Berufe	**Mathematische Kompetenzen kaufmännischer Berufe**
▪ Winkel ▪ Geschwindigkeiten ▪ einfache Brüche ▪ Toleranzen	▪ Statistik ▪ Prozentrechnen ▪ Verwendung von Taschenrechnern ▪ Fehlersuche bei Daten

Mathematische Kompetenzen im Überblick, eigene Bearbeitung nach BARDY, P. (1985), S. 39.

Im heutigen Zeitalter dürften sich die Anforderungen durch den technischen Fortschritt und dem damit verbundenen Obsoleszenztempo[24] sowie dem Prognosedefizit[25] noch erweitert haben. Um dies weiter auszuführen, müssten weitere (zum Teil aktuellere) Forschungsansätze näher beleuchtet werden, was im Rahmen dieser Arbeit jedoch nicht möglich ist.

5 Übergang der Sekundarstufe in eine berufliche Ausbildung als Herausforderung

Wie komplex sich der Übergang von der Sekundarstufe in eine berufliche Ausbildung gestaltet, beschreiben in 2009 MUSCH und SPIELHAUPTER wie folgt:

„Einerseits sind die Schulen gefordert, in der Sekundarstufe I eine bestimmte Form der Vorbereitung auf die berufliche Ausbildung zu leisten, die vor allem in den Hauptschulen oft noch die Funktion zur Motivierung und Sinnstiftung übernehmen soll. Andererseits haben sie es aufgrund der großen Variation an Ausbildungsberufen und -gängen schwer, eine möglichst konkrete und ausbildungsspezifische Vorbereitung der Jugendlichen zu leisten, die über das gängige Üben des Zusammenstellens von Bewerbungsmappen und des Besuchens der Berufsinformationszentren hinausgehen."[26]

---

[24] Obsoleszenztempo bedeutet, dass Spezialwissen bzw. Bildungsinhalte zu schnell veralten und auf dem Arbeitsmarkt unbrauchbar und somit wertlos werden. Die Rate und Geschwindigkeit des Veraltens von Wissen ist umso größer, je unmittelbarer der Bezug der Inhalte zu bestimmten Tätigkeiten ist.
[25] Prognosedefizit bedeutet, dass Prognosen der Arbeitsmarktforschung statistisch unzureichend gesichert sind, d.h., dass eine Berufsbeschreibung eine unzulängliche Orientierungshilfe der Berufsplanung darstellt.
[26] MUSCH, M., SPIELHAUPTER, H. (2009), S. 291.

Eine weitere wichtige Herausforderung zeigt sich im Übergang für Lernende mit gerin-
ger mathematischer Kompetenzausbildung.[27] Da diese durch die in Abschnitt 4.1 (Betriebliche Bewerbungsverfahren) erwähnten Eignungstests auf dem Ausbildungsmarkt
eliminiert werden, benötigen diese Jugendlichen „eine zusätzliche vorgeschaltete oder
begleitende Förderung, um eine Ausbildung erfolgreich zu bewältigen."[28]

Weiterhin ist anzumerken, dass solche Übergangsmaßnahmen auch negative Auswirkungen haben können. Der nationale Bildungsbericht 2006 führt zum Teil an, dass dem
Klischee, solche Übergangsmaßnahmen seien Warteschleifen für viele Jugendliche,
ein gewisser Grad an Wahrheitsgehalt beigeschrieben werden kann.[29] Daher fordert
der Bildungsbericht 2008 „eine Neuorganisation und Weiterentwicklung des Über-
gangssystems sowie eine genauere Untersuchung seiner Wirksamkeit [(insbesondere
der Wirksamkeit der Förderung mathematischer Kompetenzen)]."[30]

Aus den hier aufgezeigten Herausforderungen wird deutlich, dass „die in der Schule
erworbenen mathematischen Kompetenzen für viele Ausbildungszweige Einfluss auf
das berufsspezifische Fachwissen haben."[31] Daher besteht auf diesem Gebiet vermehrt Forschungsbedarf, um allgemeingültige Aussagen über den Kompetenzerwerb
in der Übergangsphase zu treffen.[32]

6   Förderung mathematischer Kompetenzen in der Berufsschule

Die in Abschnitt 4.2 (Mathematische Kompetenzen im Überblick) angesprochenen
Kompetenzen fordern eine Einbettung des Mathematikunterrichts in den beruflichen
Lernbereich der Auszubildenden. Diese Verknüpfung soll besonders in Abschnitt 6.3
(Verknüpfung beruflicher Handlungskompetenz mit mathematischen Kompetenzen)
verdeutlicht werden. Zuvor soll in Abschnitt 6.1 (Kompetenzorientierter Berufsschulun-
terricht) sowie in Abschnitt 6.2 (Kompetenzorientierter Mathematikunterricht) jeweils die
Kompetenzförderung auf unterrichtlicher Ebene behandelt werden.

---

[27] vgl. ebd.
[28] ebd.
[29] vgl. ebd., S. 292.
[30] ebd.
[31] HEINZE, A., GRÜßING, M. (2009), S. 331.
[32] vgl. ebd.

6.1 Kompetenzorientierter Berufsschulunterricht

Während Mathematik in der Schule als Fach unterrichtet wird, erfolgt der Unterricht in Berufsschulen in Lernfeldern.

„Lernfelder sind didaktisch begründete, schulisch aufbereitete Handlungsfelder und stellen komplexe Aufgabenstellungen dar, die handlungsorientiert in Lernsituationen vermittelt werden sollen. Lernfelder werden durch Zielformulierungen im Sinne von Kompetenzbeschreibungen und Inhalten ausgelegt."[33]

Wie bereits in Abschnitt 2 (Zum Begriff der Berufsschule) erwähnt, findet die berufliche Ausbildung an unterschiedlichen Lernorten statt. Sowohl der Betrieb als auch die Berufsschule erfüllen einen gemeinsamen Bildungsauftrag, nämlich die Ausbildung von beruflicher Handlungskompetenz[34]. Nach BADER impliziert die berufliche Handlungskompetenz die Teilkompetenzen „Fachkompetenz", „Selbstkompetenz" sowie „Sozialkompetenz", die er wie folgt definiert:

__Fachkompetenz__ ist die Fähigkeit und Bereitschaft, Aufgabenstellungen selbstständig, fachlich richtig und methodengeleitet zu bearbeiten und das Ergebnis zu beurteilen. Hierzu gehören auch „extrafunktionale Qualifikationen" wie logisches, analytisches, abstrahierendes, integrierendes Denken sowie das Erkennen von System- und Prozesszusammenhängen.

__Human(Personal)kompetenz__ oder Selbstkompetenz bezeichnet die Fähigkeit und Bereitschaft des Menschen, als Individuum die Entwicklungschancen, Anforderungen und Einschränkungen in Beruf, Familie und öffentlichem Leben zu klären, zu durchdenken und zu beurteilen, eigene Begabungen zu entfalten sowie Lebenspläne zu fassen und fortzuentwickeln. Hierzu gehören insbesondere auch die Entwicklung durchdachter Wertvorstellungen und die selbstbestimmte Bindung an Werte.

__Sozialkompetenz__ bezeichnet die Fähigkeit und Bereitschaft, soziale Beziehungen und Interessenlagen, Zuwendungen und Spannungen zu erfassen und zu verstehen sowie sich mit Anderen rational und verantwortungsbewußt auseinanderzusetzen und zu verständigen. Hierzu gehört insbesondere auch die Entwicklung sozialer Verantwortung und Solidarität."[35]

Bezogen auf die Förderung mathematischer Kompetenzen im Berufsschulunterricht muss an den in der Sekundarstufe unzureichenden mathematischen Fachkompetenz-

---

[33] BADER, R., SCHÄFER, B. (1998), S. 229.
[34] Handlungskompetenz bezeichnet „die Bereitschaft und Befähigung des Einzelnen, sich in beruflichen, gesellschaftlichen und privaten Situationen sachgerecht durchdacht sowie individuell und sozial verantwortlich zu verhalten." (KMK (2007), S. 10).
[35] BADER, R. (2000), S. 39.

erwerb angeknüpft werden, um die entstandenen Defizite auszugleichen.[36] Wie eine solche Verbindung ausgestaltet werden kann, wird in Abschnitt 6.3 (Verknüpfung beruflicher Handlungskompetenz mit mathematischen Kompetenzen) behandelt.

6.2 Kompetenzorientierter Mathematikunterricht

Um die in Abschnitt 3 (Zum Begriff der mathematischen Kompetenzen) angestrebten Kompetenzen vermitteln zu können, muss (wie auch im Berufsschulunterricht) ein handlungsorientierter Mathematikunterricht geschaffen werden.

„Handlungsorientierter Unterricht ist ein ganzheitlicher und schüleraktiver Unterricht, in dem die zwischen dem Lehrer und den Schülern vereinbarten Handlungsprodukte die Organisation des Unterrichtsprozesses leiten, so daß Kopf- und Handarbeit der Schüler in ein ausgewogenes Verhältnis zueinander gebracht werden können"[37]

Diese Ganzheitlichkeit ist nach JANK und MEYER durch die folgenden drei Aspekte gegeben:

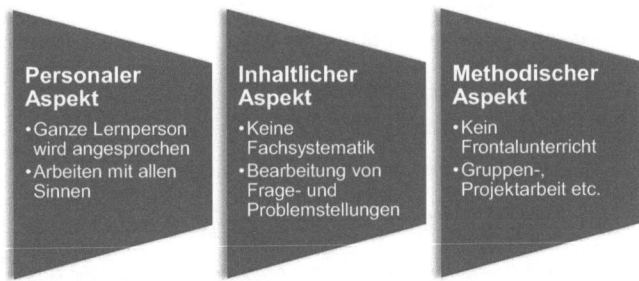

Ganzheitlichkeit des handlungsorientierten Unterrichts, eigene Bearbeitung nach JANK, W., MEYER, H. (1991), S. 355.

Ganzheitliches Lernen im Mathematikunterricht meint aber auch das „Zusammenfließen von kognitivem und affektivem Lernen. Es berücksichtigt dabei die unterschiedlichen Lerneingangskanäle und Lerntypen".[38] Auch die Berücksichtigung der Repräsentationsformen zur Wissensdarstellung und -erschließung bekommt aus fachdidaktischer Sicht eine besondere Bedeutung zugeschrieben:

- enaktiv (durch Handlungen),
- ikonisch (durch Bilder) und

---

[36] vgl. NICKOLAUS, R., NORWIG, K. (2009), S. 212-213.
[37] MEYER, H. (1987), S. 402.
[38] HESKE, H. (2003), S.186.

- symbolisch (durch Zeichen und Sprache).[39]

Als Beispiel sei hier auf das E-I-S-Prinzip[40] von BRUNER verwiesen.[41] Die folgende Abbildung zeigt das E-I-S-Prinzip am Beispiel des Satzes des Pythagoras.

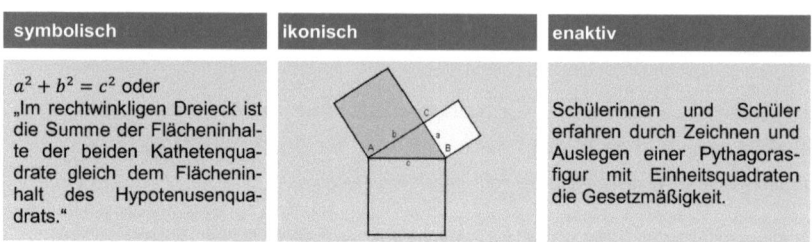

symbolisch	ikonisch	enaktiv
$a^2 + b^2 = c^2$ oder „Im rechtwinkligen Dreieck ist die Summe der Flächeninhalte der beiden Kathetenquadrate gleich dem Flächeninhalt des Hypotenusenquadrats."		Schülerinnen und Schüler erfahren durch Zeichnen und Auslegen einer Pythagorasfigur mit Einheitsquadraten die Gesetzmäßigkeit.

Repräsentationsformen am Beispiel des Satzes des Pythagoras (HESKE, H. (2003), S. 187)

Ganzheitliches Lernen kann weiterhin durch Stationenlernen ermöglicht werden. Dieses Unterrichtskonzept wird zum Teil in der Sekundarstufe I praktiziert, in der Sekundarstufe II bedarf es hierbei jedoch noch Handlungsbedarf.[42] Auch BAUER schreibt dieses Konzept eher den Hauptschulen und den lernschwächeren Schülerinnen und Schülern zu.[43] Ein Beispiel dafür, dass Stationenlernen auch in der Sekundarstufe II möglich ist, zeigen GABRIEL, HESKE und TEIDELT wie folgt:

Inhalt:	Matrizenrechnung (21 Stationen)
Positionierung:	Klasse 12 (oder 13)
Stationengruppen:	Einführung in die Matrizenrechnung (6 Stationen) Geometrie der Matrizen (8 Stationen) Prozesse der Matrizen (5 Stationen) Begriffe und Zusammenhänge (2 Stationen)
Medien/Material:	LiveMath-Animationen am PC, Videosequenzen, Mathcad-Grafiken, Excel-Programm, Java-Applets, TI-89 (oder anderes Computeralgebrasystem), Dominospiel, Karteikarten, laminiertes Koordinatensystem
Ziel:	Erarbeitung neuer Inhalte
Zeitrahmen:	10-14 Unterrichtsstunden

Unterrichtsbeispiel: Stationenlernen zum Thema „Matrizenrechnung", eigene Bearbeitung nach GABRIEL, I., HESKE, H., TEIDELT, M. (2002), S. 340

---

[39] vgl. ebd.
[40] „Die Reihenfolge E-I-S entspricht der Bedeutung der einzelnen Repräsentationsformen [...]. Gleichwohl lautet die Reihenfolge im traditionellen Mathematikunterricht genau umgekehrt." (ebd., S. 187).
[41] Weitere Beispiele dazu können nachgelesen werden in HESKE, H. (2003), S. 187 f.
[42] vgl. ebd., S. 189.
[43] vgl. BAUER, R. (1997), S.53.

Durch das gezeigte Beispiel werden dennoch die Grenzen einer solchen Unterrichts-methode deutlich. Zum einen liegt dem Lernen an Stationen eine aufwändige Unter-richtsvorbereitung – insbesondere die Erstellung der einzelnen Stationen – zugrunde, zum anderen sind meist die organisatorischen Rahmenbedingungen, wie beispielswei-se die Raumgröße und -belegung, nicht gegeben.[44]

Um die mathematischen Kompetenzen (K1 bis K6) zu fördern, bietet sich eine weitere Unterrichtsmethode an: die Methode des Projektunterrichts. Diese Form erlaubt neben dem ganzheitlichen Lernen auch einen Gesellschafts- und Praxisbezug. Doch neben den genannten Vorteilen liegt – wie beim Stationenlernen – der Fokus auf der Unter-richtsvorbereitung. Als Richtlinie seien etwa 9-12 Unterrichtseinheiten erwähnt, die jedoch durch Projekttage und -wochen an den Schulen erheblich variieren können.[45] Besonderes Augenmerk gilt hier der Themenauswahl, der Gruppeneinteilung, dem Arbeitsmaterial, der Zeitplanung sowie den Dokumentationsmöglichkeiten.[46] Ein Bei-spiel für mathematischen Projektunterricht stellt ROQUETTE wie folgt dar:[47]

Inhalt:	Fibonacci
Gruppen:	▪ Die Fibonacci-Folge und ihre Eigenschaften ▪ Leonardo von Pisa – Fibonacci: Kaufmann, Reisender und Wis-senschaftler ▪ Fibonacci-Zahlen und falsche geometrische Beweise ▪ Der goldene Schnitt ▪ Die Fibonacci-Zahlen in der Natur ▪ Spiralen
Medien/Material:	Beamer, Laptop, Literatur, Folien, Folienstifte, MAPLE-Handbuch, Material für den Bau eines Ikosaeder
Ziel:	Erarbeitung neuer Inhalte
Zeitrahmen:	Etwa 8 Unterrichtsstunden

Unterrichtsbeispiel: Projektunterricht zum Thema „Fibonacci", eigene Bearbeitung nach ROQUETTE, G. (o.J.)

6.3 Verknüpfung beruflicher Handlungskompetenz mit mathematischen Kompe-tenzen

Während sich die berufliche Bildung an dem Begriff der Handlungskompetenz orien-tiert, lehnt sich die mathematische Kompetenz im Rahmen der Bildungsstandards an den Kompetenzbegriff nach WEINERT.[48] Aufgrund der Lernfeldorientierung macht es die

---

[44] vgl. HESKE, H. (2003), S. 193.
[45] vgl. ebd., S. 195.
[46] Eine Checkliste hierzu ist zu finden in HESKE, H. (2003), S. 196.
[47] Weitere interessante Vorschläge können nachgelesen werden in UNBEKANNT (o.J.).
[48] vgl. HEINZE, A. (2011), S. 1.

Einbettung eines Faches (hier Mathematik) in den Lehrplan nicht einfach. Die Einführung des Mathematikunterrichts – sei es im gewerblich-technischen, als auch im kaufmännischen Bereich – als Fach, würde eine Isolation mit sich bringen, da durch die unterschiedlichen Lernfelder eine simultane Behandlung der beruflichen mathematischen Inhalte nicht ermöglicht werden kann. Die mathematischen Kompetenzen müssten ihre Berücksichtigung somit innerhalb der Lernsituationen[49] finden. Die nachfolgende Rahmenstundentafel der Kultusministerkonferenz zeigt die unzulängliche Berücksichtigung des Mathematikunterrichts in der Berufsschule.

	Lernbereich	Gesamtstundenzahl Dauer		
		2 Jahre	3 Jahre	3,5 Jahre
1	**Pflichtunterricht**			
1.1	**Beruflicher Lernbereich** Berufsbezogener Unterricht nach Maßgabe der Lehrpläne	560	840	980
1.2	**Allgemeiner Lernbereich** Deutsch/Fremdsprachen Politik und Wirtschaft Religion/Ethik Sport	320 80 80 80 80	480 120 120 120 120	560 140 140 140 140
2	Wahlpflichtunterricht	80	120	140
2.1	**Beruflicher Lernbereich** Stütz- und Förderunterricht Zusatzqualifikationen			
2.2	**Allgemeiner Lernbereich** Mathematik Musisch kulturelle Unterrichtsangebote Naturwissenschaften Fremdsprachen			
Summe		960	1440	1680
3	**Wahlunterricht**	160	240	280
4	**Zusatzunterricht zur Erlangung der Fachhochschulreife gem. § 11 Abs. 1**	560		

Rahmenstundentafel (KMK (2011), Anlage 1)

Die vergangenen Abschnitte haben gezeigt, wie elementar die Förderung mathematischer Kompetenzen ist. Mathematik als Wahlpflichtunterricht kann also nicht die Lösung sein, den mangelnden mathematischen Kompetenzerwerb aus der Sekundarstufe I auszugleichen. Diesbezüglich hat sich die gegenwärtige Forschung mit der Frage

---

[49] Lernsituationen konkretisieren die Lernfelder. Dabei ist es wichtig, komplexe und problembasierte Lehr-/ Lernarrangements zu schaffen.

auseinanderzusetzen, wie Berufsschulen die mathematischen Defizite abbauen und Kompetenzen fördern können.[50]

7 Ausgewählte Beispiele im kaufmännischen Berufsschulbereich mit Analyse der mathematischen Kompetenzen

Dieser Abschnitt orientiert sich an praxisnahen Aufgaben aus kaufmännischen Einsatzbereichen. Die folgenden nach Einsatzgebiet geordneten Unterabschnitte beschäftigen sich eingangs jeweils mit exemplarischen Aufgaben und anschließend mit deren Untersuchung hinsichtlich des mathematischen Kompetenzerwerbs aus Abschnitt 3.

7.1 Personalwirtschaft

Bestimmung des quantitativen Personalbedarfs

Ein Kaufhaus plant seinen Personalbedarf für das Verkaufspersonal im nächsten Halbjahr. Es orientiert seinen Personalbedarf am geplanten Monatsumsatz pro Beschäftigten, wobei folgende Richtwerte für die Pro-Kopf-Leistung eines Vollbeschäftigten zugrunde gelegt werden:

Abteilung	Monatl. Pro-Kopf-Umsatz	Erwarteter Umsatz pro Monat
Hartwaren	15.470,- €	127.500,- €
Textilwaren	23.280,- €	395.300,- €
Süßwaren	12.125,- €	54.000,- €
Zeitschriften, Druckerzeugnisse	8.270,- €	20.000,- €

Es ist mit einem durchschnittlichen Ausfall von 5% der Beschäftigten zu rechnen.

a) Wieviel Verkaufspersonal (Vollbeschäftigte) ergibt sich rechnerisch aus den zu erwartenden Umsatzzahlen?
b) Welche Probleme ergeben sich bei der Einteilung des Personals auf die einzelnen Arbeitsplätze?

Beispielaufgabe aus dem Bereich „Personalwirtschaft", eigene Bearbeitung nach SCHUSTER, D. (1997), S. 107

Teilaufgabe a) vermittelt mehrere mathematische Kompetenzen. Zum einen wird die Kompetenz „Probleme mathematisch lösen" (K2) angesprochen. Die Lernenden müssen einen Lösungsweg finden, der hier nicht explizit vorgegeben ist. Die Problematik besteht darin, zu erkennen, dass sich die Anzahl der Vollbeschäftigten je Abteilung dadurch ergibt, dass der monatliche Pro-Kopf-Umsatz in Relation zum erwarteten Umsatz pro Monat gesetzt wird, also $\frac{monatlicher\ Pro-Kopf-Umsatz}{erwarteter\ Umsatz\ pro\ Monat}$. Erst dadurch ergeben sich die Vollbeschäftigten pro Abteilung. Nun wird die Prozentrechnung angewandt (*Summe aller Vollbeschäftigten pro Abteilung* ∗ 5%) und mit ihr die Kompetenz „Mit Mathematik symbolisch, formal und technisch umgehen" (K5) gefördert. Bei dieser

---

[50] vgl. INSTITUT FÜR QUALITÄTSENTWICKLUNG (2011).

Teilaufgabe findet zudem der Modellierungskreislauf[51] seine Anwendung, da reale Probleme aus dem kaufmännischen Bereich mittels der Mathematik gelöst und die Ergebnisse wieder in die reale Welt übersetzt werden müssen. Somit wird auch die Kompetenz „Mathematisch modellieren" (K3) vermittelt.

Teilaufgabe b) impliziert die Kompetenz „Mathematisch argumentieren" (K1). Rein rechnerisch ergeben sich laut Teilaufgabe a) keine „glatten" Bedarfsziffern. Dieses zu erkennen und vor allem als ungleichmäßige Verteilung des Arbeitsausfalls auf die Abteilungen zu interpretieren, gilt es bei dieser Teilaufgabe zu argumentieren.

7.2 Materialwirtschaft

Planung der Beschaffungsmenge (Optimale Bestellmenge)

Die mittelbaren Beschaffungskosten, z.B. Bedarfsmeldung, Angebotseinholung und -prüfung, Bearbeitung der Bestellung, Lieferterminüberwachung, Güterannahme und -prüfung, betragen pro Auftrag 40 €. Die Lagerhaltungskosten sind mit 10% (Lagerkostensatz) des durchschnittlich im Lager gebundenen Kapitals anzusetzen. Der Einstandspreis pro Stück beträgt 25 €.

Die jährliche Beschaffungsmenge beträgt 500 Stück.

a) Bestimmen Sie durch Probieren die optimale Bestellmenge! Benutzen Sie zur Lösung das folgende Schema:

Bestell-menge in Stück	Durchschnittl. Lagerbestand in €	Lagerhal-tungskosten in €	Anzahl der Bestellungen pro Jahr	Mittelbare Beschaf-fungskosten in €	Gesamtkosten in €

b) Die Berechnung der optimalen Bestellmenge kann auch mit Hilfe der folgenden mathematischen Formel erfolgen:

$$Optimale\ Bestellmenge = \sqrt{\frac{200 * bestellfixe\ Kosten\ je\ Bestellung * Jahresbedarf}{Einstandspreis\ je\ Mengeneinheit * Lagerkostensatz}}$$

Halten Sie die Berechnung der optimalen Bestellmenge für eine brauchbare betriebliche Entscheidungshilfe? Begründen Sie!

Beispielaufgabe aus dem Bereich „Materialwirtschaft", eigene Bearbeitung nach SCHUSTER, D. (1997), S. 199

Teilaufgabe a) vermittelt wie auch die Beispielaufgabe aus dem Bereich „Personalwirtschaft" mehrere mathematische Kompetenzen. Auch hier wird die Kompetenz „Probleme mathematisch lösen" (K2) angesprochen. Durch systematisches Probieren sind die Lernenden dazu angehalten, einen nicht offensichtlichen Lösungsweg zu finden. Das Tabellenschema ist zwar vorgegeben, aber wie sich die einzelnen Werte errechnen, wird nicht erläutert. Dies bedeutet zugleich, dass die Darstellung verstanden, verwendet und bewertet werden muss. Dieser Vorgang spricht für die Kompetenz „Ma-

---

[51] Aufgrund der Begrenztheit dieser Arbeit wird auf die Erläuterung der durchlaufenden Phasen verzichtet.

thematische Darstellungen verwenden" (K4). Dabei können die Lernenden Hilfsmittel, wie beispielsweise den Taschenrechner, verwenden. Damit wird auch die Kompetenz „Mit Mathematik symbolisch, formal und technisch umgehen" (K5) angesprochen. Um zur Lösung zu gelangen, werden auch hier die Phasen des Modellierungskreislaufs durchlaufen, womit die Kompetenz „Mathematisch modellieren" (K3) vermittelt. Wenn die Lernenden die Werte in der Tabelle berechnen konnten, gilt es die optimale Bestellmenge zu bestimmen und zu verschriftlichen. Dadurch wird gleichzeitig die Kompetenz „Mathematisch kommunizieren" (K6) gefördert.

Teilaufgabe b) lässt die Lernenden erneut die Kompetenz „Mathematische Darstellungen verwenden" (K4) erwerben. Mithilfe der Tabelle aus Teilaufgabe a) und der Formel aus Teilaufgabe b) muss die optimale Bestellmenge interpretiert und bewertet werden. Somit findet auch die Kompetenz „Mathematisch argumentieren" (K1) ihre Berücksichtigung. Dabei sollen die Lernenden die Formel der optimalen Bestellmenge nachvollziehen und auch durch eine kritische Sichtweise prüfen.

7.3 Absatzwirtschaft

Absatzkontrolle

Die Möbelschreinerei Storz will als neues Produkt das Sportgerät VELOBIL herstellen. Nach der Phase der Produktgestaltung werden zu Testzwecken 50 Geräte hergestellt und im eigenen Möbelhaus verkauft, das an einer Bundesstraße steht. Der Test führt zu einem positiven Ergebnis. Deshalb soll der Verkauf zunächst innerhalb eines begrenzten Absatzgebietes gestartet werden. Nach erfolgreicher Etablierung auf dem Markt übernimmt Storz den Vertrieb eines weiteren Sportgeräts. In der Absatzstatistik finden sich nach einigen Jahren folgende Zahlen:

	VELOBIL: Preis je Stück: 150 €			Sportgerät: Preis je Stück: 250 €			VELOBIL + Sportgerät		
Jahr	Absatz	Umsatz in Tsd. €	Gewinn in Tsd. €	Absatz	Umsatz in Tsd. €	Gewinn in Tsd. €	Gesamtumsatz in Tsd. €	Gesamtgewinn in Tsd. €	Umsatz- rentabilität
1	3.000	450	150	2.000	500	50	950	200	21,05%
2	2.900	435	145	2.500	625	62,5	1.060	207,5	19,58%
3	2.800	420	140	3.000	750	75	1.170	215	18,38%
4	2.700	405	135	3.500	875	87,5	1.280	222,5	17,38%
5	2.600	390	130	4.000	1.000	100	1.390	230	16,55%

Veränderung in %		Von Jahr			
		1 auf 2	2 auf 3	3 auf 4	4 auf 5
VELOBIL	Umsatz	- 3 1/3 %	- 3,45 %	- 3,57 %	- 3,7 %
	Gewinn	- 3 1/3 %	- 3,45 %	- 3,57 %	- 3,7 %
Sportgerät	Umsatz	+ 25 %	+ 20 %	+ 16 2/3 %	+ 14,28 %
	Gewinn	+ 25 %	+ 20 %	+ 16 2/3 %	+ 14,28 %
Gesamt-	Umsatz	+ 11,58 %	+ 10,38 %	+ 9,4 %	+ 8,59 %
	Gewinn	+ 3,75 %	+ 3,61 %	+ 3,49 %	+ 3,48 %

Wie erklären Sie sich die unterschiedliche Veränderung von Gesamtumsatz und Gesamtgewinn?

Beispielaufgabe aus dem Bereich „Absatzwirtschaft", eigene Bearbeitung nach FEIST, T., LÜPERTZ, V., REIP, H. (1997), S. 240 f.

Auffällig bei dieser Aufgabe sind der einleitende Text und die Statistik. Zur Lösung der Aufgabe wird unter anderem das Textverständnis vorausgesetzt und somit die Kompetenz „Mathematisch kommunizieren" (K6) gefördert. Eine weitere Voraussetzung ist aber auch das Verstehen und Interpretieren der beiden Tabellen. Das VELOBIL bringt 50 € Gewinn je Stück. Der Absatzrückgang an VELOBILs bringt deshalb einen so großen Gewinnrückgang, dass selbst die Absatzsteigerung der Sportgeräte dies nicht mehr ausgleichen kann, da sie nur 25 € Gewinn je Stück bringen. Dieses Interpretieren zeichnet die Kompetenz „Mathematische Darstellungen" (K4) aus. Die Argumentation, die die Statistik zeigt, muss von den Lernenden nachvollzogen und geprüft werden. Im Anschluss daran sollen laut Aufgabenstellung eigene Folgerungen formuliert werden, was charakteristisch für die Kompetenz „Mathematisch argumentieren" (K1) ist.

7.4 Betriebliche Leistungserstellung

Kosten und Beschäftigung

Ein Versandhaus plant die Verteilung eines Katalogs. Es muss entschieden werden, ob dieser Katalog in der hauseigenen Druckerei hergestellt oder der Auftrag außer Haus gegeben werden soll. Auf Anforderung geht ein Angebot einer Druckerei ein. Bei einer Auflagenhöhe von 100.000 Stück fordert diese Druckerei für einen Katalog 6 €.
Die hauseigene Druckerei rechnet mit Satzkosten von 20.000 € und Kosten für den Druck und das Material von 5 € je Stück.

a) Stellen Sie fest, ob es günstiger ist, den Katalog außer Haus drucken zu lassen oder in der hauseigenen Druckerei herzustellen.
b) Stellen Sie folgende Kostenverläufe bis zu einer Auflagenhöhe von 100.000 Stück grafisch dar:
   a. Gesamtkosten bei Eigenfertigung
   b. Kosten je Stück bei Eigenfertigung
c) Erläutern und begründen Sie den Verlauf der Stückkostenkurve bei Eigenfertigung.

Beispielaufgabe aus dem Bereich „Betriebliche Leistungserstellung", eigene Bearbeitung nach FEIST, T., LÜPERTZ, V., REIP, H. (1997), S. 183

Teilaufgabe a) verlangt von den Lernenden die Bearbeitung einer kaufmännischen Problemsituation unter Berücksichtigung des Textverständnisses, das mit der Kompetenz „Mathematisch kommunizieren" (K6) ausgebildet wird. Durch die Bearbeitung der Problemsituation wird die Kompetenz „Probleme mathematisch lösen" (K2), aber auch die Kompetenz „Mathematisch modellieren" (K3) gefördert, denn die Lernenden absolvieren die einzelnen Phasen des Modellierungskreislaufs, da der Lösungsweg nicht offensichtlich ist und somit die kaufmännische Problemstellung in die Mathematik übersetzt werden muss. Um festzustellen, ob die Kataloge selbst hergestellt oder durch Fremdfertigung bezogen werden sollen, müssen die unterschiedlichen Kosten gegenüber gestellt und somit mathematische Regeln angewandt sowie mit Gleichungen gearbeitet werden. Dadurch ergibt sich, dass es günstiger ist, den Katalog in der hauseigenen Druckerei herstellen zu lassen, da dort Kosten für die Herstellung eines Kata-

logs in Höhe von 5,20 € ($\frac{20.000+5*100.000}{100.000}$) entstehen. Die fremde Druckerei verlangt 6 €.

Es wird also die Kompetenz „Mit Mathematik symbolisch, formal und technisch umge-

hen" (K5) vermittelt.

Teilaufgabe b) Aufgrund der Aufgabenstellung sind die Lernenden dazu aufgefordert,

verschiedene Kostenverläufe grafisch darzustellen. Dazu müssen die Gesamt- und die

Stückkostenfunktion bei Eigenfertigung aufgestellt und so verstanden werden, dass sie

grafisch abgebildet werden können. Dies gehört zur Kompetenz „Mathematische Dar-

stellungen verwenden" (K4).

Teilaufgabe c) fördert ebenfalls die Kompetenz „Mathematische Darstellungen ver-

wenden" (K4), da auch hier mit der grafischen Darstellung der Stückkostenfunktion bei

Eigenfertigung gearbeitet werden muss. Allerdings geht es hier nicht um das Erstellen,

sondern vielmehr um das Interpretieren. Damit verbunden ist auch die Begründung des

Verlaufs der Stückkostenkurve. Die Lernenden erkennen, dass sich bei zunehmender

Auflagenhöhe die Fixkosten in Höhe von 20.000 € auf eine immer größer werdende

Stückzahl verteilen, sodass die Fixkosten je Stück und damit auch die Gesamtkosten je

Stück ständig sinken (Fixkostendegression, Gesetz der Massenproduktion). Dadurch

erwerben sie die Kompetenz „Mathematisch argumentieren" (K1).

8 Fazit

Die Bedeutung der mathematischen Kompetenzen von Lernenden in der Berufsschule

wurde deutlich gemacht, die unzulängliche Kompetenzvermittlung in der Sekundarstufe

kritisiert sowie mögliche Maßnahmen zur Förderung der mathematischen Kompeten-

zen im Berufsschulunterricht aufgezeigt. Um dies konkret zu veranschaulichen, wurden

mit Hilfe zahlreicher Beispiele die einzelnen Themenbereiche zusammenfassend erläu-

tert.

Angesichts der in Abschnitt 5 dargelegten Herausforderung bezüglich des Übergangs

der Sekundarstufe in eine berufliche Ausbildung ist es meines Erachtens essentiell,

dass alle Schülerinnen und Schüler einen generellen Zugang zur Mathematik ermög-

licht bekommen – seien es Leistungsstärkere oder -schwächere. Aufgrund der in Ab-

schnitt 6 thematisierten Förderungsmaßnahmen lassen sich die entstandenen Defizite

zwar minimieren, aber aufgrund der komplexen Unterrichtsgestaltung, die die Lernfeld-

orientierung mit sich bringt und der Fülle an Inhalten, die behandelt werden müssen,

nicht komplett beheben. An dieser Stelle möchte ich an die Lehrkräfte der Sekundarstufe appellieren, den Mathematikunterricht möglichst ganzheitlich und kompetenzori-
entiert zu gestalten, um die Defizite schon vorab zu kompensieren.

Mit dem abschließenden Zitat möchte ich mich an die Bildungs- sowie an die Arbeitsmarktforschung richten, die durch ihre Forschungsmethoden einen wesentlichen Bei-
trag zur Verbesserung der Implementierung der mathematischen Kompetenzen in den
Berufsschulunterricht leisten können.

*„Die Integration mathematischer Elemente in die individuelle berufliche Handlungs-
kompetenz, die mit einer starken Kontextabhängigkeit des mathematischen Wis-
sens einhergeht, lässt das isolierte Herausfiltern der mathematischen Elemente als
nicht sinnvoll erscheinen. Die forschungsmethodische Herausforderung liegt entsprechend darin, mathematische Anteile in der beruflichen Handlungskompetenz
adäquat zu modellieren und die Kontextuierung nicht außer Acht zu lassen."*[52]

---

[52] Nickolaus R., Norwig, K. (2009), S. 203.

Literaturverzeichnis

ARBEITSAGENTUR FÜR ARBEIT (2011): Schaubild „Deutsches Schul- und Ausbildungssystem". Online: http://www.arbeitsagentur.de/nn_537860/Navigation/zentral/Veroeffentlichungen/ Themenhefte-durchstarten/Weiter-durch-Bildung/Bildungswege/Nachholen-von-Schulabschluessen/Bildungssystem-Schaubild/Bildungssystem-Schaubild-Nav.html [Zugriff: 16.03.2012].

BADER, R. (2000): Konstruieren von Lernfeldern – Eine Handreichung für Rahmenlehrplanausschüsse und Bildungskonferenzen in technischen Berufsfeldern. In: BADER, R., SLOANE, P. (HRSG.): Lernen in Lernfeldern. Markt Schwaben: Eusl-Verlag, 33-50.

BADER, R., SCHÄFER, B. (1998): Lernfelder gestalten. Vom komplexen Handlungsfeld zur didaktisch strukturierten Lernsituation. In: Die berufsbildende Schule, 50. Jahrgang, Heft 7-8, 229-234.

BARDY, P. (1985): Mathematische Anforderungen in Ausbildungsberufen. In: BARDY, P., BLUM, W., BRAUN, H.-G. (HRSG.): Mathematik in der Berufsschule. Analysen und Vorschläge zum Fachrechenunterricht. Essen: Verlag W. Girardet, 37-48.

BARDY, P. (1985): Organisatorischer Rahmen. In: BARDY, P., BLUM, W., BRAUN, H.-G. (HRSG.): Mathematik in der Berufsschule. Analysen und Vorschläge zum Fachrechenunterricht. Essen: Verlag W. Girardet, 21-25.

BAUER, R. (1997): Schülergerechtes Arbeiten in der Sekundarstufe I. Lernen an Stationen. Berlin: Cornelsen Verlag Scriptor.

BORROMEO FERRI, R. (2011): Wege zur Innenwelt des mathematischen Modellierens. Kognitive Analysen zu Modellierungsprozessen im Mathematikunterricht. Wiesbaden: Vieweg+Teubner Verlag.

FEIST, T., LÜPERTZ, V., REIP, H. (1997): Lehraufgaben für die kaufmännische Ausbildung. Haan-Gruiten: Verlag Europa-Lehrmittel.

GABRIEL, I., HESKE, H., TEIDELT, M. (2002): Einführung in die Matrizenrechnung - Selbstlernen durch Lernen an Stationen. In: AMELUNG, U., BARZEL, B., BERNTZEN, D. (HRSG.): Neues Lernen - Neue Medien - Blick über den Tellerrand. Münster: Zentrale Koordination Lehrerausbildung (ZKL-Texte 19), 339-342.

HEINZE, A. (2011): Zur Bedeutsamkeit mathematischer Kompetenz in Übergangsphasen nach der Sekundarstufe I. Online: http://www.telekom-stiftung.de/dtag/cms/contentblob/Telekom-Stiftung/de/1258442/blobBinary/Sekl+.pdf [Zugriff: 11.11.2011].

HEINZE, A., GRÜßING, M. (2009): Mathematiklernen vom Kindergarten bis zum Studium: Zusammenfassung und Ausblick. In: HEINZE, A., GRÜßING, M. (HRSG.): Mathematiklernen vom Kindergarten bis zum Studium. Kontinuität und Kohärenz als Herausforderung für den Mathematikunterricht. Münster: Waxmann Verlag, 329-335.

HESKE, H. (2003): Ganzheitliches Lernen. In: LEUDERS, T. (HRSG.): Mathematik-Didaktik. Praxisbuch für die Sekundarstufe I und II. Berlin: Cornelsen Verlag Scriptor. 185-197.

HESSISCHES KULTUSMINISTERIUM (2011): Bildungsstandards und Inhaltsfelder. Das neue Kerncurriculum für Hessen. Online: http://www.iq.hessen.de/irj/servlet/prt/portal/prtroot/slimp.CMReader/HKM_15/IQ_

Internet/med/b63/b6335d0c-f86a-821f-012f-31e2389e4818,22222222-2222-
2222-2222-222222222222 [Zugriff: 11.11.2011].

INSTITUT FÜR QUALITÄTSENTWICKLUNG (2011): Diagnose und Förderung mathematischer Kompetenzen in der Berufsschule. Online:
http://www.iq.hessen.de/irj/IQ_Internet?cid=7648d5edafbe0c877a178e0fc5caaef
0 [Zugriff: 11.11.2011].

JANK, W., MEYER, H. (1991): Didaktische Modelle, 3. Auflage. Frankfurt am Main:
Cornelsen Verlag Scriptor.

KATH, F. (2006): Überbetriebliche Ausbildung. In: KAISER, F., PÄTZOLD, G. (HRSG.):
Wörterbuch Berufs- und Wirtschaftspädagogik, 2. Auflage. Bad Heilbrunn: Verlag
Julius Klinkhardt, 466.

KMK (2007): Handreichung für die Erarbeitung von Rahmenlehrplänen der Kultusministerkonferenz für den berufsbezogenen Unterricht in der Berufsschule und ihre
Abstimmung mit Ausbildungsordnungen des Bundes für anerkannte Ausbildungsberufe. Online:
http://www.kmk.org/fileadmin/veroeffentlichungen_beschluesse/2007/2007_09_0
1-Handreich-Rlpl-Berufsschule.pdf [Zugriff: 11.11.2011].

KMK (2011): Verordnung über die Berufsschule. Online:
http://berufliche.bildung.hessen.de/fundstellen/vo_berufsschulverordnung_11-07-
2011_leseversion.pdf [Zugriff: 11.11.2011].

LEIß, D., BLUM, W. (2006): Beschreibung zentraler mathematischer Kompetenzen. In:
BLUM, W. U.A. (HRSG.): Bildungsstandards Mathematik: konkret. Sekundarstufe I:
Aufgabenbeispiele, Unterrichtsanregungen, Fortbildungsideen. Berlin: Cornelsen
Verlag, 33-50.

LEUDERS, T. (2006): Kooperation im Mathematikunterricht fördern - Fachliches und
soziales Lernen miteinander verbinden. In: BRUDER, R., LEUDERS, T., BÜCHTER,
A. (HRSG.): Mathematikunterricht entwickeln. Bausteine für kompetenzorientiertes
Unterrichten. Berlin: Cornelsen Verlag Scriptor, 129-154.

LÖRCHER, G. A. (1985): Mathematische Vorkenntnisse der Berufsschüler. In: BARDY,
P., BLUM, W., BRAUN, H.-G. (HRSG.): Mathematik in der Berufsschule. Analysen
und Vorschläge zum Fachrechenunterricht. Essen: Verlag W. Girardet, 26-36.

MEYER, H. (1987): UnterrichtsMethoden II: Praxisband. Frankfurt am Main: Cornelsen
Verlag.

MUSCH, M., SPIELHAUPTER, H. (2009): Übergänge beim Mathematiklernen gestalten:
von der Sekundarstufe in die Ausbildung. In: HEINZE, A., GRÜßING, M. (HRSG.):
Mathematiklernen vom Kindergarten bis zum Studium. Kontinuität und Kohärenz
als Herausforderung für den Mathematikunterricht. Münster: Waxmann Verlag,
291-299.

NICKOLAUS, R., NORWIG, K. (2009): Mathematiklernen vom Kindergarten bis zum Studium: Zusammenfassung und Ausblick. In: HEINZE, A., GRÜßING, M. (HRSG.): Mathematiklernen vom Kindergarten bis zum Studium. Kontinuität und Kohärenz als
Herausforderung für den Mathematikunterricht. Münster: Waxmann Verlag, 203-
216.

ROQUETTE, G. (o.J.): Fibonacci. Ein mathematisches Projekt von G. Roquette. Online:
http://www.schule-bw.de/unterricht/faecher/mathematik/2projekte/fibonacci/ [Zu-
griff: 11.11.2011].

SCHUSTER, D. (1997): Fälle und Übungen zur Allgemeinen Wirtschaftslehre. Rinteln: Merkur Verlag Rinteln.

UNBEKANNT (o.J.): Projekte im Mathematikunterricht. Mathe mit Medien. Online: http://vcrs.by.lo-net2.de/mib-rs-schwaben/medieneinsatz/Projekte%20im%20Mathematikunterricht.pdf [Zugriff: 11.11.2011].

WEINERT, F. E. (2001): Vergleichende Leistungsmessung in Schulen - eine umstrittene Selbstverständlichkeit. In: WEINERT, F. E. (HRSG.): Leistungsmessungen in Schulen. Weinheim/Basel: Beltz Verlag, 17-31.